·北京·

图书在版编目（CIP）数据

节水小当家 / 浙江同济科技职业学院编. -- 北京 : 中国水利水电出版社, 2021.3
ISBN 978-7-5170-9478-4

Ⅰ. ①节… Ⅱ. ①浙… Ⅲ. ①节约用水—少儿读物 Ⅳ. ①TU991.64-49

中国版本图书馆CIP数据核字(2021)第046943号

书　　名	**节水小当家** JIESHUI XIAO DANGJIA
作　　者	浙江同济科技职业学院　编
出版发行	中国水利水电出版社 （北京市海淀区玉渊潭南路1号D座　100038） 网址：www.waterpub.com.cn E-mail：sales@waterpub.com.cn 电话：（010）68367658（营销中心）
经　　售	北京科水图书销售中心（零售） 电话：（010）88383994、63202643、68545874 全国各地新华书店和相关出版物销售网点
排　　版	中国水利水电出版社微机排版中心
印　　刷	北京瑞斯通印务发展有限公司
规　　格	203mm×140mm　横32开　1.75印张　48千字
版　　次	2021年3月第1版　2021年3月第1次印刷
定　　价	28.00元

凡购买我社图书，如有缺页、倒页、脱页的，本社营销中心负责调换

本书编委会

主　　任：姜　伟

副主任：景秀眉　周　恺

顾　　问：郭雪莽

主　　编：范　铮

副主编：徐骏骅

参编人员：周　聪　涂风帆　方忠良

插画设计：范　铮

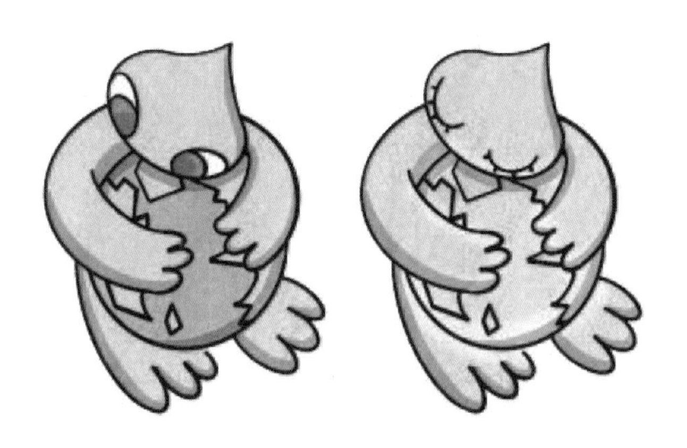

引言

水，是宇宙给予地球的恩赐。

从外太空看我们的家园——地球，它是一颗被海洋覆盖而呈现蓝色的美丽星球。水在宇宙中以不同的形态广泛存在，但很少有天体像地球这样拥有丰富的液态水，这是生命得以在地球孕育、进化的前提。

生命，是水给予地球的奇迹。

水对于人类是如此重要，在我们的生活中无处不在，也因此而显得如此平凡。“地球是个蓝色水球”的美妙画面给了人们虚假的安全感，似乎水真的是源源不断、取之不竭。我们很少去想，会不会有一天拧开水龙头不再有水流出？

同学们，我们一起来做一回节水小当家，走进水世界，认识水、了解水，做爱水、护水、节水的小卫士，好吗？

不要让最后一滴水成为我们的眼泪！

目录

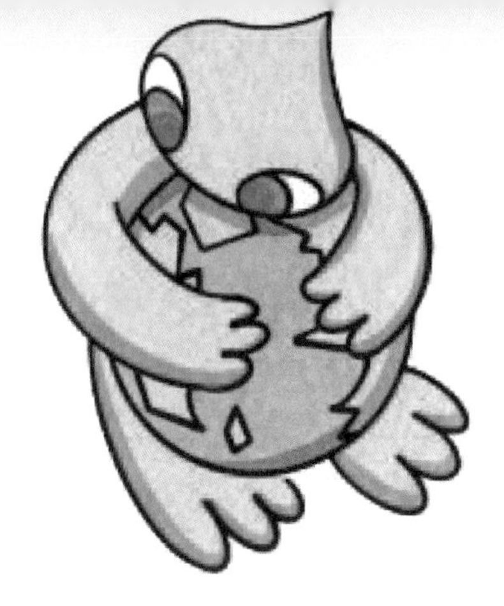

第 3 章 为什么要节水 24

第 4 章 争做节水小当家 34

延伸阅读：世界节水奇招 49

第 1 章 神秘宝贵的资源——水

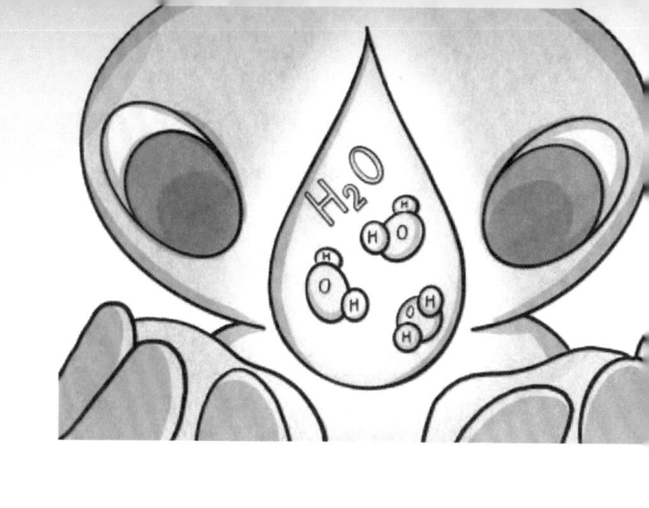

1.1 水是什么

答案仁者见仁，智者见智：

化学家说，水的分子式是 H_2O。

物理学家说，水是无色无味的透明液体。

医学家说，水是最廉价有效的“奇药”。

生物学家说，水是生命之源。

哲学家说，水是万物起源之一。

地理学家说，地球有 70.8% 的面积为水所覆盖。

文学家说，所谓伊人，在水一方。

水（H_2O）是由氢、氧两种元素组成的无机物，在常温常压下为无色无味的透明液体。水是最常见的物质之一，是包括人类在内所有生命生存的重要资源，也是生物体最重要的组成部分。水在生命演化中起到了重要的作用。人类很早就开始对水产生了认识，东西方古代朴素的物质观中都把水视为一种基本的组成元素。水分子具有一定的极性，因此分子与分子间可以通过氢键形成一种链状结构。当水不经常受到撞击，就是不常处于运动状态时，这种链状结构就会不断扩大、延伸，从而使水不断“衰老”，最终变成“死水”。

作业互动：

谈一谈你眼中的水，比如是什么形状？是什么颜色？有什么用？在哪里？

1.2 水的怪脾气

水有许多“怪脾气”，然而正是因为这些“怪脾气”，使水作为最常见的液体发挥了各种作用，并孕育了生命，这是其他物质无法替代的。

水是在天然状态下唯一“固态、液态、气态”三态并存的物质，为陆生、水生动植物提供了不同的需求。

水具有很大的内聚力和表面张力，能产生明显的吸附现象和毛细现象，使土壤缝隙中能“含”水，还能“爬”上树梢，给植物运送水分和养料。

水是一种最为广泛的、良好的溶剂，许多物质都能溶于水，可以为水生生物提供氧气，也可为污染物的溶解和去除提供有效介质。

水是无色透明的，可透过可见光和长波段紫外线，使得深水植物能够发生光合作用。

水热胀，有时冷也胀。0~4℃时，水不符合热胀冷缩规律，3.98℃时密度最大，体积最小，高于或低于这个温度，体积都会膨胀。因此，水体从上向下结冰，冰浮于水面，就像给水盖了一层被子，阻止下层水的温度进一步降低，从而保护了水生生物。

1.3 无可替代的物质

水是生命的源泉。水孕育了生命，是一切生物的命脉，是地球生态系统的基础。

水是气候调节器，大气中的水汽能阻挡地球辐射量的 60%，使地球不致冷却。海洋和陆地水体在夏季吸收和积累热量，冬季则缓慢释放热量，创造了适宜生存的环境。

水是大地雕刻师，水可以侵蚀土壤，侵蚀岩石土壤，冲淤河道，搬运泥沙，营造平原，塑造了丰富多样的地表形态。

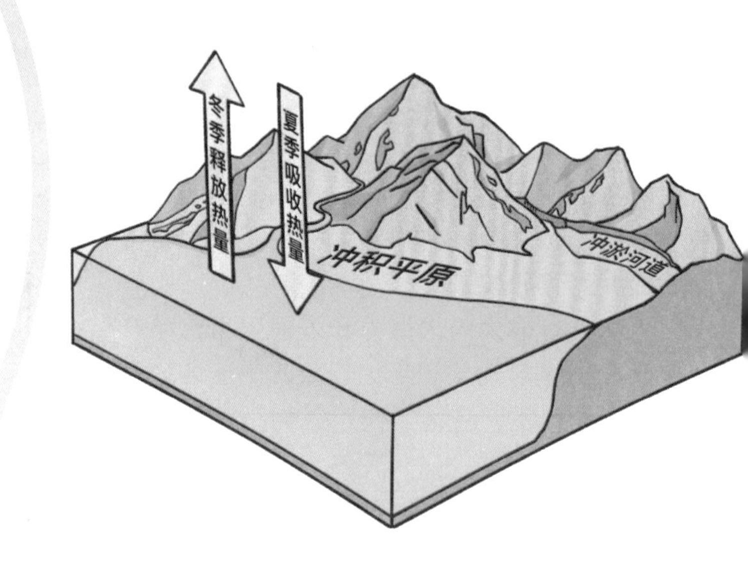

1.4 人身体内的水

水是决定人体生命安全与健康的重要因素之一。人体内的水分大约占体重的 65%。其中，脑髓含水 75%，血液含水 83%，肌肉含水 76%，连坚硬的骨骼里也含水 22%。人在咀嚼食物时需要水，消化食物时需要胃液、胆液、胰液、肠液；吸收、运送营养时需要体液、血液；生育时需要生殖液、羊水；人体中废物排泄也需要水，如排便、出汗、流泪、呕吐，等等。

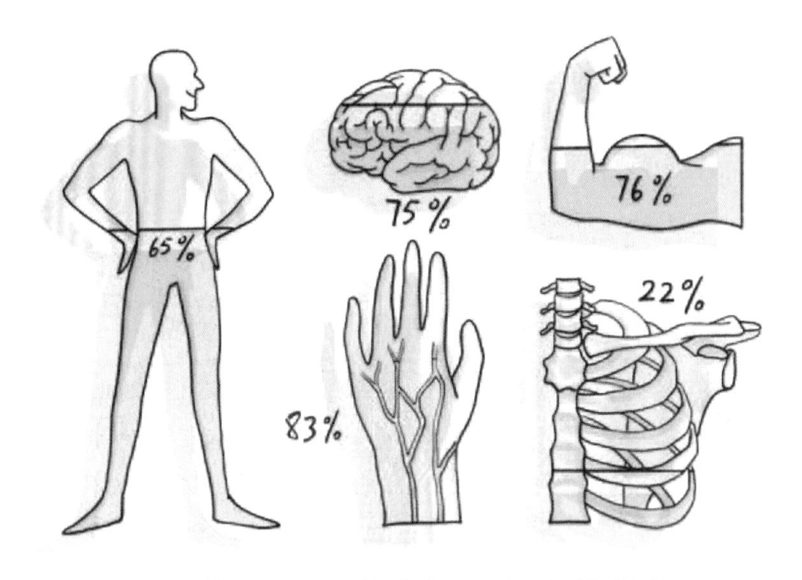

人体内的水每 5 ～ 13 天更新一次。人体一旦缺水，后果是很严重的。缺水 1% ～ 2%，感到干渴；缺水 5%，皮肤起皱，意识不清；缺水 15%，干渴感会比饥饿感更强烈。

健康洁净的饮用水有利于促进细胞新陈代谢，增强人体的免疫力，人患病的几率就会减少。

1.5 社会生产生活中的水

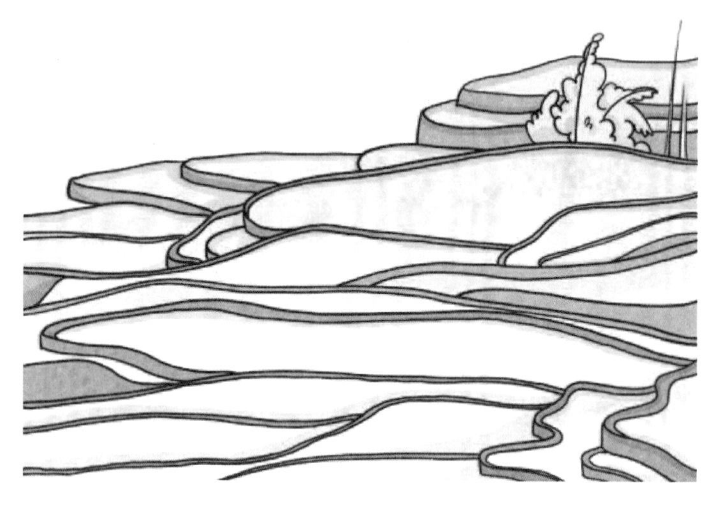

水是农业的命根子。民以食为天，农业是立国之本，然而庄稼有收无收在于水。植物满身都是水，它的一生都在消耗水。1 公斤玉米是用 368 公斤水浇灌出来的，1 公斤小麦要消耗 513 公斤水，1 公斤棉花要消耗 648 公斤水，1 公斤水稻竟消耗高达 1000 公斤水。一籽下地，万粒归仓，农业的大丰收，水立下了不小的功劳！

工业生产离不开水。没有一项工业生产能离开水，水不仅是食品生产的原料，在工矿企业制造、加工、冷却、净化、空调、洗涤等方面也发挥着重要作用，被誉为“工业的血液”。制造 1 吨钢需要 25 吨水，制造 1 吨纸需要 450 吨水。水还能发电，就连火力发电厂也离不开用量巨大的冷却用水。

人类生活水平的提升，很大部分是直接消耗水资源获得的。有人测算，生活在 2000 多年前的古代先民，每天人均耗水约 12 升；14 世纪时，人均耗水增加到 20～40 升；18 世纪增加到 60 升；当前，发达国家一些大城市，每天人均耗水已经飚升到 500 升！（注：1

升水 =1 公斤水）

2002 年，荷兰学者阿尔杰恩·胡克斯特拉提出“水足迹”的概念，可以计算在日常生活中消费产品及服务过程所耗费的那些看不见的水。

1.6 水与运输

水路运输是以船舶为主要运输工具，以港口或港站为运输基地，以水域（海洋、河、湖等）为运输活动范围的一种客货运输。

与其他运输方式比较，水路运输运载能力大、成本低、能耗少、投资省，是一些国家国内和国际运输的重要方式之一。一些国家水路运输的货物周转量占各种运输方式总货物周转量的10%～20%，个别国家超过50%。许多港口城市还因水运的发展，成了世界级的大城市。

1.7 水与环境

水环境、水资源与水生态是一个有机联系的整体。水资源就是地球上可以利用的水。水环境是指我们所处的环境中与水相关的部分。水生态主要是指人或动物、植物所生存的环境条件。

水环境、水资源与水生态，三者既有区别又有联系。水资源少的话，肯定会对水环境和水生态有影响。水资源包括水量和水质两方面，两者密切相关。在相同的污染物条件下，水量越大则污染浓度越低。因此，两者是结合在一起，不能分离的。从水资源角度来说，水量减少了，水质也会相应变化，水环境就会变差。水环境差到一定程度后，不论是人类，还是

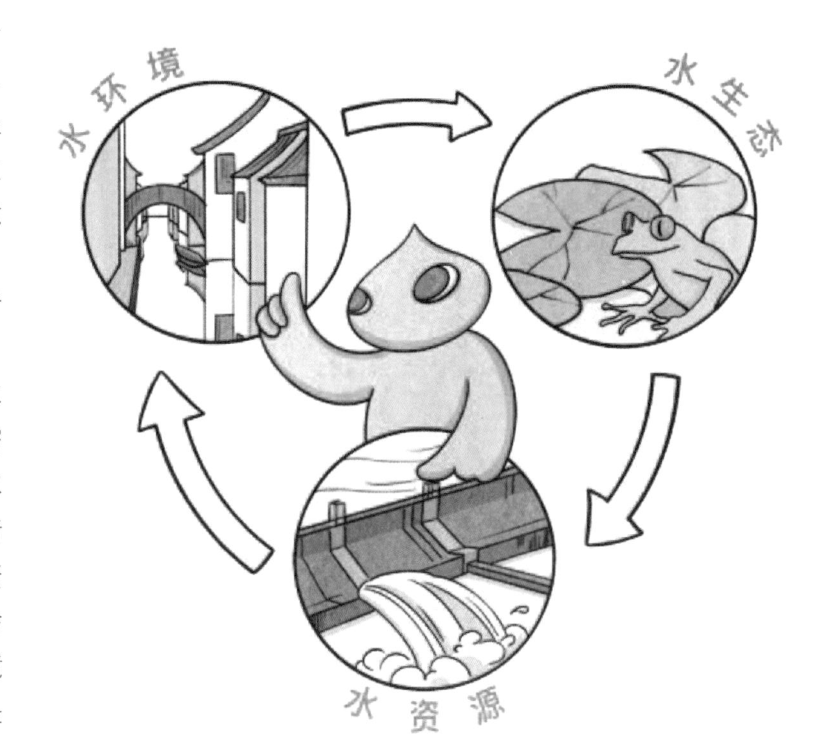

动植物，其生存条件就被破坏了，即水生态就破坏了。

因此，只有保持一定的生态水，水体才能维持一个良好的水生态。如果水环境不能提供这部分生态水的话，就会产生生态灾难，危及人类和植物、水生生物的生存。

我国水资源存在的主要问题：水多、水少、水脏、水浑。

水多指的是洪涝灾害频繁，如1998年长江大洪水，2012年北京“7.21”大暴雨，等等。

水少指的是干旱缺水，看似不缺水的鄱阳湖流域有时候也会发生干旱导致农作物缺水，南水北调通水之前包括北京在内的华北大部分地区也是面临着巨大的缺水压力。

水脏指的是水污染，各种工矿企业快速发展，以及大量施用化肥农药等，都带来了水的污染。

水浑指的是水土流失，黄土高原曾经陡坡耕作、长江上游曾经乱砍森林导致水土流失严重。

2019年我国水土流失面积271.08万平方公里，占国土面积的28%，每年流失的土壤总量达50亿吨。严重的水土流失，导致土地退化、草场沙化、生态恶化，造成河道、湖泊泥沙淤积，加剧了江河下游地区的洪涝灾害。

1.8 水循环与水环境

水在地球上的状态包括固态、液态和气态。水循环是指地球上不同地方的水，通过吸收太阳的能量，转变存在的状态并移动到地球中另一些地方。例如：地面的水分被太阳蒸发成为空气中的水蒸气，随风移动到其他地方，以降水的方式形成水循环。而地球中的水多数存在于大气层、地面、地下、湖泊、河流及海洋中。水会通过一些物理作用，如蒸发、降水、渗透、表面和表底流动等，由一个地方移动至另一个地方，就像水由河川流动至海洋。

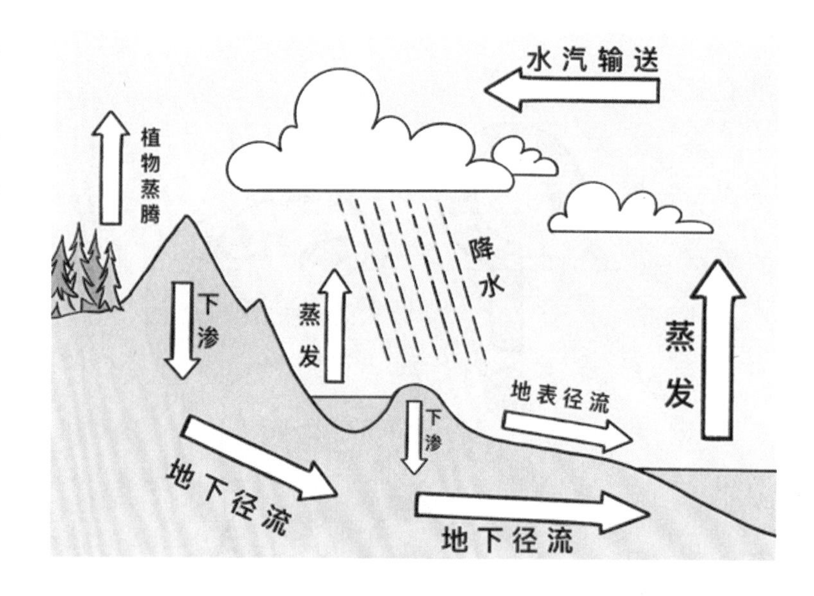

水环境主要由地表水环境和地下水环境两部分组成。地表水环境包括河流、湖泊、水库、海洋、池塘、沼泽、冰川等；地下水环境包括泉水、浅层地下水、深

层地下水等。水环境是构成环境的基本要素之一，是人类社会赖以生存和发展的重要因素，也是受人类干扰和破坏最严重的领域。水环境的污染和破坏已成为当今世界主要的环境问题之一。

作业互动：

水到底有什么用呢？大家来接龙：

可以玩

可以喝

可以清洗东西

可以灭火

可以浇花、养鱼

可以供人们欣赏

可以运送物品

可以发电

……

第 2 章 我们家乡的水资源

2.1 我们的家乡浙江

我们的家乡浙江，因水而兴，因水而美。

浙江省位于我国东南沿海长江三角洲南翼，东临东海，南接福建，西与江西、安徽相连，北与上海、江苏为邻。境内钱塘江，因江流曲折，称为之江，又称浙江，省以江名，简称“浙”，省会杭州。全省陆域面积 10.38 万平方公里，其中山地和丘陵占 70.4%，平原和盆地占 23.2%，河流和湖泊占 6.4%，“七山一水二分田”是浙江地形的概貌。

2.2 家乡的水资源

浙江是多水的省份，省内有钱塘江、曹娥江、瓯江、灵江、苕溪、甬江、飞云江、鳌江等八大水系和京杭运河（浙江段）；有杭州西湖、绍兴东湖、嘉兴南湖、宁波东钱湖四大名湖及人工湖泊千岛湖。密布着杭嘉湖、姚慈、绍虞、温瑞、台州五大平原河网。浙江多年平均年降水量约 1949.9 毫米，水资源总量 1321.36 亿立方米，河道总长 13 万余千米，河湖水域总面积 5700 余平方千米。

这一方美丽的江南水乡，水形多姿，有江河湖海，有溪涧泉潭，有汀浦港湾，更有数不清的水井、水塘、水库、水滩……水系布局自然灵动而顾盼生辉，疏密有致而动静相宜，生动大气而精致变幻，组合成美妙的自然交响曲。

八大水系中流域面积最大的为钱塘江水系，为 55491 平方千米，是浙江人民的母亲河；最小的为鳌江水系，流域面积 1426 平方千米。除苕溪、京杭运河、出省小河流外，其他河流均独流入海。浙江省流域面积在 50 平方千米以上的河流总数为 865 条，其中山地河流 526 条，平原河流 339 条。

2.3 家乡的水故事

浙江之水不但形态美丽，而且故事动人。

传说“三过家门而不入”的治水英雄大禹治水成功后，在今天的绍兴会稽山召集各地诸侯举办庆功大会，论功计赏。大禹去世后，葬在会稽山，留下了供后人敬仰的大禹陵。

传说西施在古越国浦阳江边浣纱，水中的鱼儿看到她的容貌，都惊艳得忘记游动而沉入江底。有沉鱼之说的西施，是江南水乡美女的写照。

东汉董黯，母患痼疾，因住地濒临姚江，遭咸潮入侵，其水味苦涩，不适宜饮用。董黯竟然每次来回二十余里到大隐溪上游的永昌潭去担水奉母，在途中绝不转换肩胛，为的是尽快把肩前的纯净水供母饮用。董孝子的传说，产生了慈溪、慈湖等地名。

浙江与水有关的动人故事，还有东汉曹娥投江寻父，人们把舜江改名为“曹娥江”；五代吴越王钱镠万箭射潮修筑海堤的传说；《白蛇传》中白娘子在西湖断桥上雨中借伞会许仙的传说；乾隆皇帝六下江南，因为非

常喜爱杭州西湖美景，他在颐和园以杭州西湖为范本建清漪园，实景仿制了一座“西湖”……一个个传说，一段段故事，让人睹水思情。正如唐代诗人白居易《忆江南》描写的动人词句：“江南好，风景旧曾谙。日出江花红胜火，春来江水绿如蓝。能不忆江南？”

2.4 家乡的水利遗产

浙江数千年的治水、用水、亲水、乐水的实践活动，遗留了数目众多、种类丰富的宝贵水利遗产。

考古发现，杭州市萧山跨湖桥文化遗址出土的 7600 年前的独木舟为世界上最早的舟船；宁波余姚河姆渡文化遗址出土的 5600 年前的木构方井为我国最早的水井；杭州余杭良渚文化遗址 5000 年前的古城外围水利系统，是迄今所知中国最早的大型水利工程，也是世界上最早的拦洪水坝系统。

浙江早在 4000 多年前，大禹就疏九河，建农田沟洫；春秋末期，越王勾践兴建了富中大塘、吴塘、山阴古道等水利工程；东汉卢文台在金华白沙溪上筑三十六堰，会稽太守马臻主持筑堤而成鉴湖；西晋贺循凿山阴运河，南北朝时期兴修了处州通济堰；唐代修建了御咸蓄淡的水利工程明州它山堰；西湖自唐宋修整白堤、苏堤以来，形成了闻名于世的"西湖文化"；五代吴越王钱镠用竹笼块石之法筑起杭州捍海塘，历代浙东海塘工程成为浙江水利奇观。

浙江拥有许多在国际国内占有独特地位的水利遗产明珠。杭州西湖文化景观列入《世界遗产名录》；世界文化遗产中国大运河含浙江段河道300余公里；另外，与世界文化遗产地位相同的"世界灌溉工程遗产"自2014年开始每年评选，至2020年底中国共有23个项目入选《世界灌溉工程遗产名录》，而浙江就占六处，它们分别是：丽水通济堰、诸暨桔槔井灌、宁波它山堰、湖州太湖溇港、龙游姜席堰、金华白沙溪三十六堰。

2.5 家乡的水民俗活动

浙江的水民俗活动丰富多彩：钱塘江每年农历八月十八日的天下奇观“钱塘江潮”，万人观潮；绍兴市每年举行大禹祭典活动；临安先民为感谢钱王“兴修水利、重视农桑、保境安民、富裕百姓”的恩德，创制了“临安水龙舞”；嘉兴市先民为祭蚕神而举行的“踏白船”水上竞技；温州各地端午时节举行的“划龙船”或“划斗龙”民俗活动；久居新安江上的“九姓渔民”——陈、钱、林、袁、孙、叶、许、李、何，所形成的具有特色的“水上婚礼”……，举不胜举。

2.6 家乡的现代水利工程

中华人民共和国成立以来，浙江现代水利工程成就非凡。

水电工程

全省已建成水电站 3200 余座，自主建成了我国第一座小型水电站金华湖海塘水电站、第一座中型水电站衢州黄坛口水电站、第一座大型水电站新安江水电站。

防洪工程

以建水库、筑堤防为主，如台州市长潭水库、太湖环湖大堤等工程。在沿海地区修筑千里标准海塘，使全省 80% 以上的市、县城市核心区防洪能力达到 50 年一遇以上，重要城市达到 100 年一遇以上。

排涝工程

以疏浚河道、兴建闸站为主，如杭嘉湖南排盐官下河站闸。全省建成水闸 13000 余座、泵站近 50000 座，城乡排涝能力显著提高。

节水灌溉工程

通过建库修渠，建成各类灌区 3 万余个，节水灌溉率 70%，如 1994 年完成的乌引工程，是衢州、金华乌溪江灌区引水工程。

供水工程

主要实现水库供水，并向农村延伸。全省以水库为水源的供水人口占比达 70%，农村自来水覆盖率达 99%，建设了温州市珊溪水库等山区农民饮用水工程。

河道治理和水土保持工程

综合整治河道 5 万公里，治理水土流失面积 3.6 万平方公里，有效保障了人民群众的安居乐业和经济社会的迅速发展。

2.7 江南水乡浙江缺水吗？

浙江，素来有“江南水乡”之称，全省多年平均水资源总量为955.41亿立方米，单位面积水资源量居全国第五位，但人均占有量较低，全省人均水资源量不足1800立方米，比全国人均水平低，为世界人均水平的1/4左右，属国际公认的中度缺水地区。最少的舟山等海岛人均水资源占有量仅为600立方米。

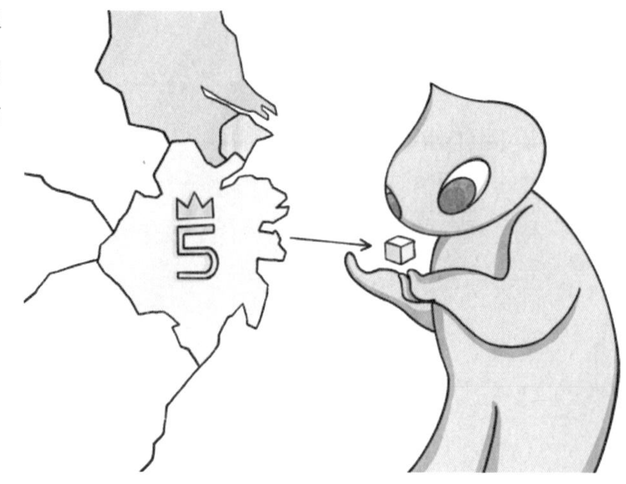

浙江还存在水资源时空分布不均、年际变化较大的情况。一年之中，降水主要集中在梅汛期和台汛期，约占年降水总量的70%，且年内最大月份降水量是最小月份的5倍。从空间上看，降水总的分布趋势是自西向东、自南向北递减，山区大于平原，沿海、山地大于内陆盆地，衢州多年平均降水量是嘉兴的1.5倍。钱塘江中下游的浙北苕溪、杭嘉湖平原、曹娥江和甬江一带人口稠密，经济发达，耕地面积占全省的近一半，而水资源量只占全省的1/5，浙西南瓯江、飞云江、鳌江一带耕地面积只占全省的1/4，而水资源量占全省的近一半。随着经济社会的快速发展和出现水污染的状况，水资源供需矛盾日益突出。

作业互动：

水有很多种，包括河水、海水、雨水、雪水、自来水、蒸馏水、……，请同学们接龙下去，还有哪些水的名称？

第3章 为什么要节水

3.1 世界水资源危机

在地球为人类提供的“大水缸”里，可以饮用的水实际上只有一汤匙。地球有70.8%的面积为水所覆盖，全世界水资源总量约14亿立方公里，但其中97.5%的水是无法饮用的咸水，只有2.5%是淡水。在这仅有的淡水资源中，又有87%是人类难以利用的两极冰盖、高山冰川和永冻地带的冰雪。可以利用的淡水资源仅是江河湖泊和地下水中的一部分，约占地球总水量的0.26%。淡水资源是有限的，并非取之不竭。

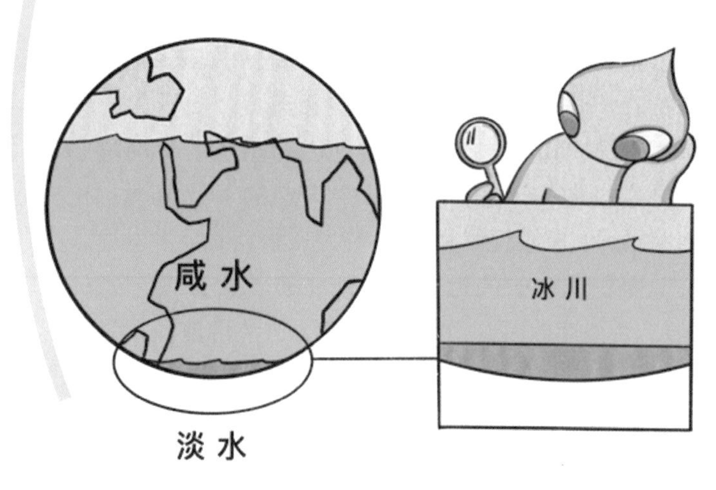

世界上淡水资源分布极不均匀，约65%的淡水资源集中在不到10个国家，而80个国家和地区严重缺水，世界85%的人口受到水荒威胁，超过10亿人口生活在干旱或半干旱地区。亚洲人口占全球近三分之二，降水量却只占全球三分之一，而且80%集中在短暂的雨季。联合国人类环境和世界水会议发出警告：人类在石油危机之后，下一个危机就是水危机。

我国水资源总量为28124亿立方米，占全球水资源总量的6%，仅次于巴西、俄罗斯和加拿大，居世界第六位。但由于人口众多，我国人均水资源量只有约2140立方米，仅为世界人均水平的1/4。中国是全球13个人均水资源最贫乏的国家之一。有专家指出，中国解决了温饱问题之后面临的第二个贫困可能就是水贫困。

国际缺水标准中，人均水资源量3000立方米以上为丰水，3000～2000立方米为轻度缺水，2000～1000立方米为中度缺水，1000立方米以下为重度缺水，300立方米为维持生存最低标准。中国人均水资源量接近中度缺水。

浙江属于中度缺水地区，在水资源人均占有量，时间、空间分布方面，有明显的短板。全省年人均水资源只有1702立方米，人口、产业高度集中，比全国人均水平低20%左右。浙江降水主要集中在梅雨期、台风期，降水70%很快形成洪水排入大海，有效利用的不多。

3.2 不要小瞧滴水

一滴水，微不足道，但是不停地滴起来，数量就很可观了。据测定，“滴水”在1个小时里可以集到3.6公斤水；1个月里可集到2.6吨水。这些水足可以供给一个人的生活所需。可见，一点一滴的浪费都是不应该的。至于连续成线的“小水流”，每小时可集水17公斤，每月可集水12吨；哗哗响的“大水流”，每小时可集水670公斤，每月可集水482吨。所以，节约用水要从点滴做起。

3.3 惊人的水污染

人类的生存和发展，都离不开水！

但是这么珍贵的水，却每天都在以不同的方式被污染！污染方式包括工业污染、农业污染、生活污染。据世界权威机构调查，在发展中国家，各类疾病有 8% 是因为饮用了不卫生的水而传播的，每年因饮用不卫生水至少造成全球 500 万人死亡。

水污染不仅直接危害人体的健康，而且对动植物的生长也会产生不良影响，甚至危害到农作物的生长和水产品的养殖。

3.4 惊人的管道滴漏

管道在输水过程中的跑冒滴漏是触目惊心的！据分析，由于年久失修，管道破裂而漏水，我国市区管路的漏水率常为 8%，工厂区管路的漏水率为 10% ～ 20%。在第三世界的一些城市，因水管生锈或接头有问题，60% 的自来水被漏掉了。菲律宾的马尼拉市，自来水总管的漏水率达到 58%。而管理较好的新加坡，水管漏水率仅 8%。

一个关不紧的水龙头，即使是一滴滴地线漏，每日滴漏也是惊人的，同时产生等量的污水排放。若以每秒一滴的速度滴水，一年就可以滴掉 36 吨的水。所以家家户户水龙头未关紧而嘀嗒漏水，也不可小瞧。

3.5 落后的洗车方法

传统的洗车方法是用高压喷枪远远地对着汽车，前后左右、上上下下猛烈地喷水，洗去表面的灰尘和污垢，落到地面的水很快地流入下水道，十来分钟完成任务。洗一辆车消耗的水，相当于一个人一天的生活用水量。这种落后的洗车方法，有三大弊端：使用的是清洁的自来水；水不重复利用，大量地消耗着宝贵的水资源；污水直接排放掉，污染江河水源环境。这种消耗着大量水资源的洗车方式目前正在通过各种方式加以改进。

3.6 黄河断流亮黄牌

曾经，黄河下游在 1972—1996 年的 25 年中，共断流 19 年。最严重的 1997 年，断流达 226 天，其中有一天断流河段长达 704 公里，占下游河道总长度的 90%。

万里滔滔黄河，竟有断流的一天，这是一般人想象不到的。究其原因，除了气候影响，降雨量和径流量减少外，也是黄河下游人类活动和农业引水量大幅度增加，黄河流域水资源相对匮乏、时空分布不均等各种因素造成的。这是水资源在向人们亮起黄牌警告。

1999 年开始，黄河流域实行水量统一调度，2000 年小浪底枢纽一期工程竣工开始发挥调蓄工作，通过治理，黄河已经有 20 年没有断流。

3.7 一次性用水

我们在生产、生活中往往是一次性用水，而不是循环使用水，如果一次性地把水用过就排放掉，那就耗水太多，造成水资源的大量浪费。

先进的做法是尽量提高生产技术水平，一水多用，工业用水尽可能地重复使用、循环用水。例如，我国钢铁巨头宝钢，对水资源的管理利用十分严格，分质给水，不仅有生活水、过滤水、软水、纯水，而且还有中水、回用水等给水管网，实现了分质使用，循环利用。

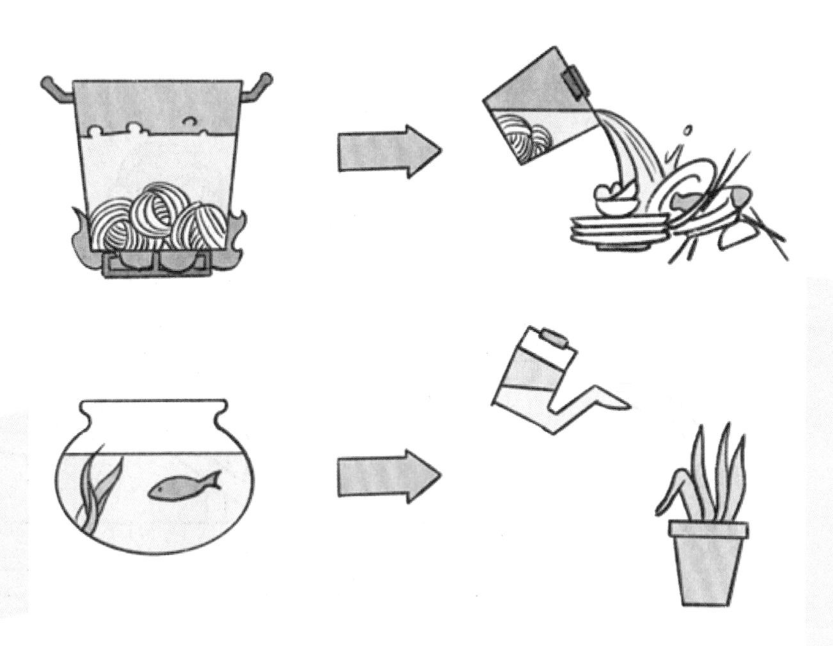

3.8 现代用水总量迅猛增长

随着人口增长、工农业发展、人们生活水平提高，我国用水量快速增长。1949 年用水总量为 1031 亿立方米，1980 年为 4437 亿立方米，2019 年增长到 6021.2 亿立方米。到 2022 年，用水总量控制在“十三五”末的 6700 亿立方米以内，到 2035 年，全国用水总量严格控制在 7000 亿立方米以内。

3.9 用水多就是生活水平高吗?

有些人笼统地认为，用水多就是生活水平高的表现，这件事要具体地分析。从总体上来说，近半个世纪来，随着生活水平的提高，全国居民人均用水量与日俱增。大城市和中小城市也表现出差别，甚至南方和北方也大致显示出不同。但是，如果说广西生活水平比浙江高，海南生活水平比北京高，显然不能令人信服。这中间，生活习惯、水源条件、气候起着重要的作用，浪费也是不应忽视的。同在一座楼的住户用水量有很大差距，便是最好的说明。

第 4 章 争做节水小当家

建设节水型社会，我们每个人都不要忘记“爱水、惜水、节水、护水”。

4.1 世界水日

世界水日宗旨是唤起公众的节水意识，加强水资源保护。为满足人们日常生活、商业和农业对水资源的需求，联合国长期以来致力于解决因水资源需求上升而引起的全球性水危机。1977 年召开的“联合国水会议”，向全世界发出严重警告：水不久将成为一个深刻的社会危机，石油危机之后的下一个危机便是水。1993 年 1 月 18 日，第四十七届联合国大会作出决议，确定每年的 3 月 22 日为“世界水日”，以推动对水资源进行综合性统筹规划和管理，加强水资源保护，解决日益严峻的缺水问题。同时，通过开展广泛的宣传教育活动，增强公众保护水资源的意识。

4.2 中国水周

1988 年《中华人民共和国水法》颁布后，水利部即确定每年的 7 月 1 日至 7 日为“中国水周”。

从 1991 年起，中国还将每年 5 月的第二周作为城市节约用水宣传周。

1994 年开始，我国把“中国水周”的时间改为每年的 3 月 22 日至 28 日，与世界水日时间重合，使宣传活动更加突出“世界水日”的主题。

中国水周的设立是为了进一步提高全社会关心水、爱惜水、保护水和水忧患意识，促进水资源的开发、利用、保护和管理。

“国家节水标志”由水滴、人手和地球组合而成。鼓励人人动手节约每一滴水，人手又像河流，滴水汇聚成河流，保护地球生态美。

国家节水标志

4.3 “十六字”治水思路

“节水优先、空间均衡、系统治理、两手发力”是习近平总书记提出的“十六字”治水思路，把中国治水提升到了新高度。

“节水优先”，不是简单地减少用水，而是要建立科学的节水标准，使节水真正成为水资源开发、利用、

保护、调度的前提条件，是新时期治水工作必须始终遵循的根本方针。

“空间均衡”，从生态文明建设高度，审视人口经济与资源环境关系，在新型工业化、城镇化和农业现代化进程中做到人与自然和谐的科学路径，是新时期治水工作必须始终坚守的重大原则。

“系统治理”，就是要把山、水、林、田、湖、草作为一个生命共同体，统筹考虑治水与治山、治林、治田、治草，促进生态各要素和谐共生。

“两手发力”，就是发挥好政府与市场在解决水问题上的协同作用，通过监管引导调整人的行为、纠正人的错误行为，确保人们依照政府规则和市场规律办事。

4.4 国家节水行动方案

2019年4月15日，国家发展改革委、水利部联合印发了《国家节水行动方案》，旨在大力推动全社会节水，全面提升水资源利用效率，形成节水型生产和生活方式，保障国家水安全。这是我国首次发布的节水领域纲领性文件，是今后一段时间我国节水工作开展的主要依据，标志着节水上升为国家意志和全民行动。

六大重点行动

一、总量强度双控：强化指标刚性约束、严格用水全过程管理、强化节水监督考核。

二、农业节水增效：大力推进节水灌溉、优化调整作物种植结构、推广畜牧渔业节水方式、加快推进农村生活节水。

三、工业节水减排：大力推进工业节水改造、推动高耗水行业节水增效、积极推进水循环梯级利用。

四、城镇节水降损：全面推进节水型城市建设、大幅降低供水管网漏损、深入开展公共领域节水、严格高耗水服务业用水。

五、重点地区节水开源：在超采地区削减地下水开采量、在缺水地区加强非常规水利用、在沿海地区充分利用海水。

六、科技创新引领：加快关键技术装备研发、促进节水技术转化推广、推动技术成果产业化。

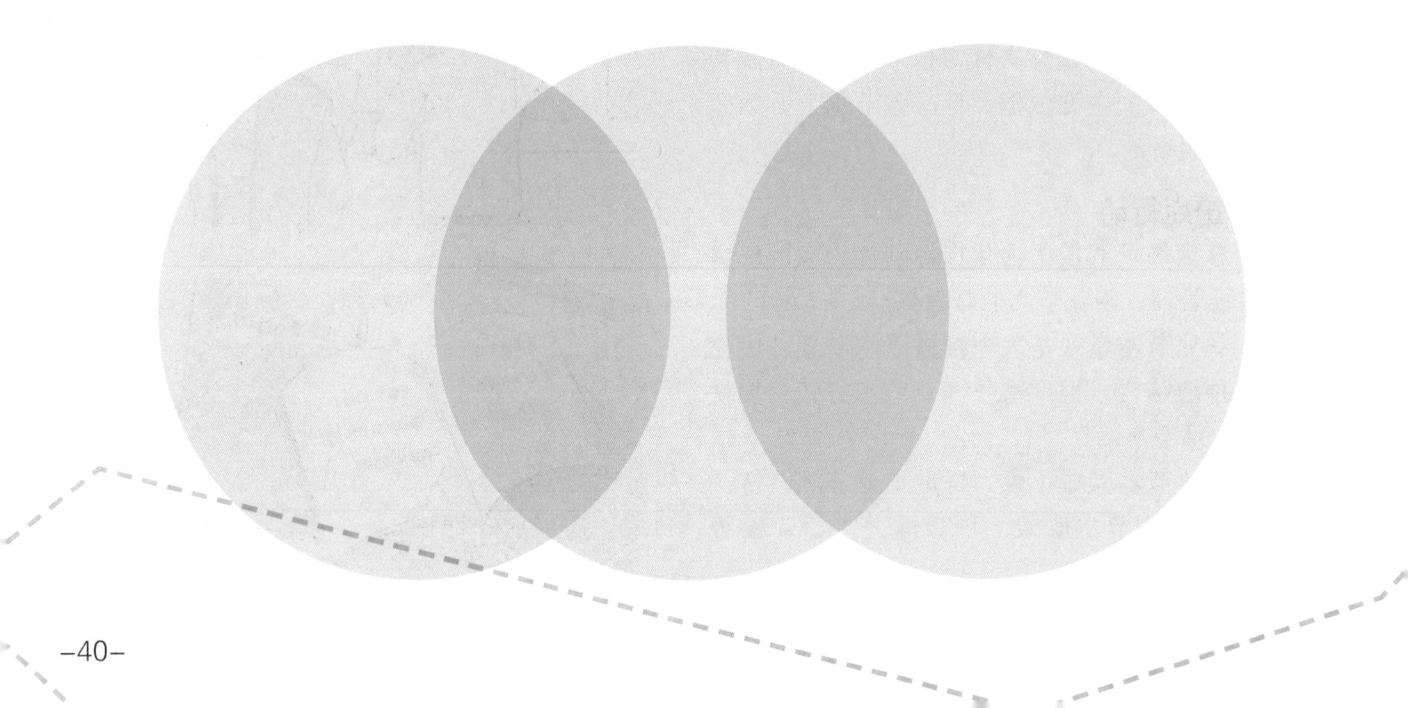

4.5 树立节水意识

为了保护及合理利用有限的水资源，同学们要以主人翁的态度，倍加珍惜稀缺的资源，节约每一滴水，使节水意识、节水行为蔚然成风。

做节水爱水的践行者。爱水、惜水、节水从现在做起，从我做起，从小事做起，积极响应国家号召，使用节水型用水器具。

做节水爱水的宣传者。加强节水宣传，影响带动更多的人投入到节水活动中来。不仅要身体力行，还要带动家人、朋友乃至周围的人，共同养成节约用水的好习惯。

做节水爱水的监督者。用自己的文明言行劝阻、纠正身边的不良行为，对发生在身边的用水浪费现象及时制止；主动爱护、保护节水设施；发现管道、水龙头等用水设施有“跑、冒、滴、漏”现象时，及时报修。对发生在身边的用水浪费现象，要敢说敢管，互相监督，共同守护生命之水。

4.6 养成节水好习惯

爱水是一个人的品质，节水是我们的责任。

良好的生活习惯能节水。同学们在日常生活中需要注意的主要有以下几点：

●用口杯接水刷牙，用脸盆洗脸，要比用活水刷牙洗脸节约用水。刷牙时可放满一杯水，而不要一边流水，一边刷牙。

●勿长时间开水龙头洗手、洗衣或洗菜。洗涤蔬菜水果时控制水龙头流量，改长流水冲洗为间断冲洗。

●饮用水喝多少倒多少，不剩下浪费。不用瓶装矿泉水、纯净水等高价水洗手、冲水果、擦东西。

●衣物不要放在流水下冲洗，只要将其放在盆里清洗几次或放在洗衣机里清洗即可洗净。洗小件衣物用肥皂水，肥皂水更容易

洗干净。

- 不玩耗水的游戏。
- 不能把垃圾扔进河流。
- 洗澡时不要始终开着喷头。
- 发现水管、消防栓有漏水现象时，马上向有关部门反映。

4.7 节水器具有哪些

据统计，家庭用水中，冲厕用水最多。选择两档式节水便器，在冲洗小便时为3L，冲洗大便时为6L，相较于传统老式的9L便器，节水效果非常明显。

使用新型感应式水龙头能做到用水自如，与常规水龙头相比，可节水35%～50%。

节水淋浴器，设计精良的花洒，既提高了水温调节效率，一般也可以节水20%～50%。

购买节水型洗衣机，最好选择耗水量小的滚筒式洗衣机，根据不同的需要选择不同的洗涤水位和清洗次数，从而达到节水的目的。

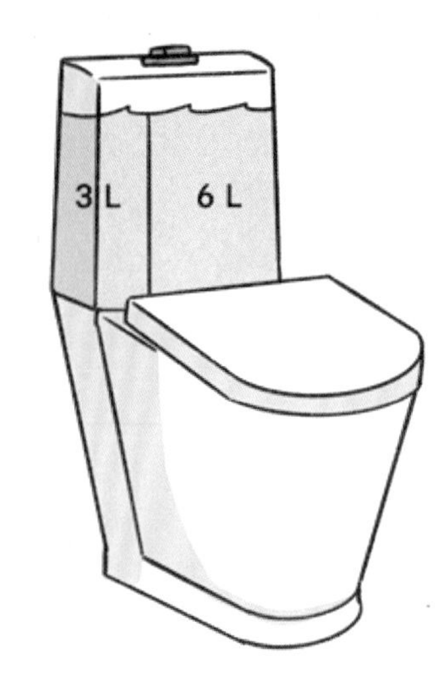

4.8 一水多用

淘米水用来洗菜，可以有效祛除蔬菜上的残留农药；用来洗碗筷，可以有效清除油污。

剩茶水或养鱼的水用来浇花能促进花木生长。

洗衣水可以先拖地板之后再用来冲厕所。

家中可以预备一个收集废水的大桶，收集洗衣、洗菜后的家庭废水冲厕所。

使用空调时，一晚上滴下的水能接一桶，完全可以变废为宝。

用过的水经过深度净化处理后，其水质介于自来水（上水）与排入管道内的污水（下水）之间，是“中水”。在美国、日本、以色列等国，厕所冲洗、园林和农田灌溉、道路保洁、洗车、城市喷泉、冷却设备补充用水等，都大量地使用中水。中水利用不仅可以获取一部分主要集中于城市的可利用的水资源量，还在于体现了水的"优质优用、低质低用"的原则。

“雨洪利用”是把从自然或人工集雨面流出的雨水进行收集、集中和储存，是从水循环中获取水为人类所用的一种方法。透水型地面砖、环保型雨水口、填料式蓄水池、屋顶雨水过滤器等雨洪利用设备，有利于解决城市缺水、防洪、环境三方面的水问题。

4.9 现代节水技术

微灌技术：是一种新型的节水灌溉技术。包括滴灌、微喷灌、涌流灌。它可根据作物需水要求，通过低压管道系统与安装在末级管道上的特别灌水器将水和作物生长所需的养分，用比较小的流量均匀准确地直接输送到作物根部附近的土壤表面或土层中。

再生水利用技术：污水经适当处理后，达到一定的水质指标，可以广泛用于农业、地下水补给和城市用水等。再生水已成为城市的第二水源，可以用来冲洗马路、车辆、厕所及浇灌绿化、施工降尘，甚至用于消防。一些国家采取了“分水质供水”体系，饮用水与杂用水分别用不同的管道供给。

城市雨水利用技术：城市雨水可以合理用于工农业用水和生活用水，为城市提供新的供给水源，缓解水资源供需矛盾。利用的主要方式有：园区雨水积蓄用于维护绿地，雨水收集回灌地下水，屋面雨水积蓄用于家庭、公共和工业等方面的非饮用水及屋顶绿化等。

海水淡化技术：淡水资源稀缺，海水淡化是人类追求了几百年的梦想。目前使用较多的是蒸馏、冻结、反渗透、离子迁移、化学等方法。像盛产石油的沙特阿拉伯、科威特等西亚一些国家“富得流油”，却打不出一口淡水井，水比油贵的现实，迫使海水淡化技术被广泛使用。

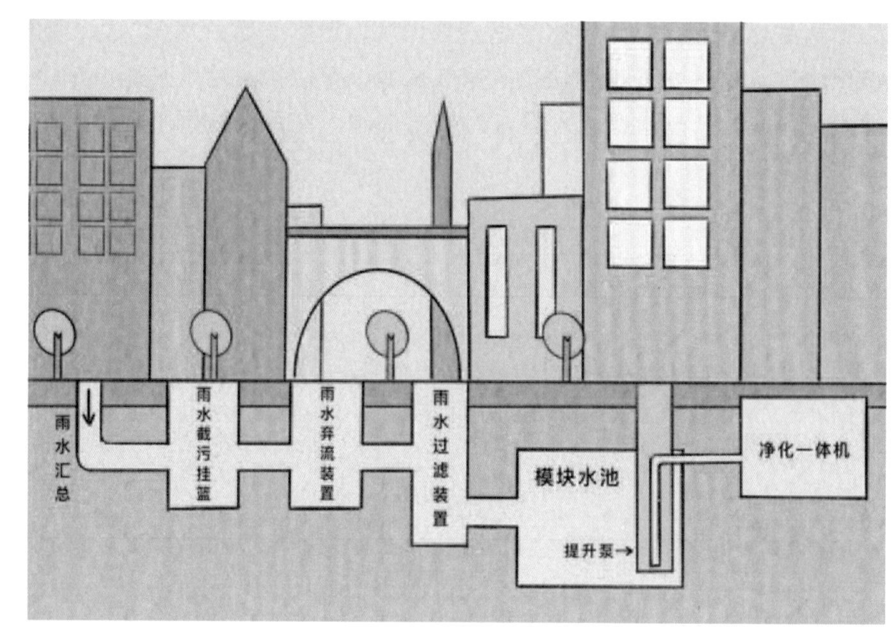

延伸阅读：世界节水奇招

以色列是个严重缺水的国家，其节水技术堪称一绝，节水设备已经出口到很多国家。1948年，以色列开始大力发展节水农业，采用管道输水，通过自动化的滴灌系统，保证供给农作物适时、适量的水和精确的肥料，以色列农民比喻为“用茶勺喂庄稼”。

荷兰在围海造城的过程中为了使地面不下沉，发明了一种铺设在街道上的小型路面砖，并在砖与砖之间预留2毫米缝隙，这就是现在越来越多城市铺设的透水砖。下雨时透水砖能使雨水迅速渗回地下，起到涵养地下水源的作用。

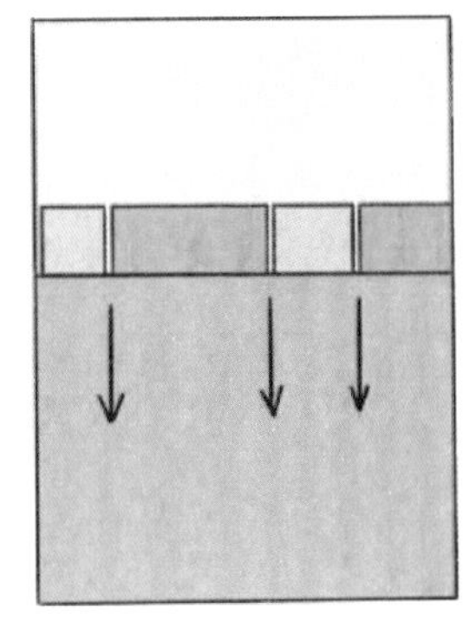

加拿大科学家发明了一种集雾取水法，用一张聚丙烯和吸水纤维叠层织造的巨型细网，每网面积为48平方米，在春夏多雾季节，每天可集水13万升，平常日子可集水1.1万升。

日本为了解决严重的水资源缺乏问题，采取了许多行之有效的措施，包括防止漏洞、提倡使用杂用水、积蓄利用雨水等。在日本，许多家庭都有废水处理净化槽。

澳大利亚政府帮助居民更换节水水龙头和淋浴喷头、小容量抽水马桶水箱，安装流量调节器和生活用水处理系统。

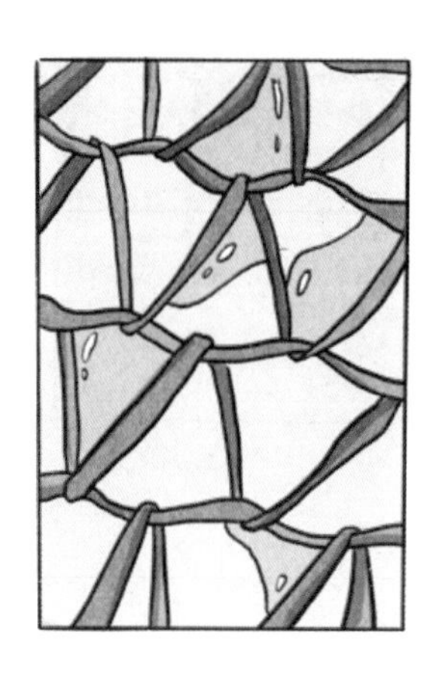